寺刹建築

베일을 벗은
사찰건축의 양식

한국에서 불교사원을 절이라고 일컫게 된 유래에 대해서는
아직 뚜렷한 정설이 없다. 처음으로 신라에 불교가 전해질 때
아도가 일선군 모례의 집에 머물렀는데 그것이 우리말로는
털레의 집이었고 그 털이 절로 바뀌었다는 설이 있다. 또
속설에 사찰이 절을 많이 하는 곳이라고 하여 절로 되었다고도
하나 모두가 확실하지는 않다.

베일을 벗은 사찰건축의 양식

발행일 : 2025년 09월 25일
출판사 : 하랑출판
주　소 : 서울시 중구 퇴계로28길 8
전　화 : 02-2263-3337

목 차

도 판

사 찰

海印寺

- 소재 : 경남 합천군 가야면 치인리
- 연대 : 신라말기 802년 창건

Haeinsa Temple

A.D. 802.

海印寺는 수려한 가야산 중턱에 위치하고 있으며 사찰의 입지는 계류와 하천이 합하여 감싸도는 곳에 위치하고 있다. 해인사의 창건기록에 의하면 신라 애장왕 3년인 802년에 창건되었으며 여러번의 전각들의 창건과 중창의 기록이 있다. 그 후 수차에 걸친 화재가 있었으며 수차례의 복원과정이 있었다. 명종 12년(1481) 중수이전의 가람규모는 장경당, 판당, 비로전(금당), 강당, 식당, 중문, 대장전, 조당 등으로 기록되어 있어 신라당시의 가람명칭으로 되어 있으며 중수후의 배치 및 건물현황으로는 수차례의 화재에 의하여 가람의 증축과 이축이 많았으나홍은문에서 법상전까지의 중심건물들은 원래 그대로의 모습을 보이고 있는것으로 파악된다. 배치상 남북축선의 위치 문제는 지형, 지세에 따라 조금씩 편재하게 되는데 이러한 방법은 산지가람에서는 흔히 쓰는 방법으로 알려져 있다. 목조탑의 위치는 현 궁현당 자리에 있었을 것으로 추측되며 대장경전의 원래의 위치는 사찰배치의 조형성이나 다른 실례로 보아 해탈문을 들어선 제1단 단상에 있었음이 확실해 보인다. 사찰의 영역은 해탈문에서 제1단, 구광루에서 제2단, 대적광전에서 제3단, 경판고에서 제4단을 이루고 있으며 모두 신라 때 축조된 석축으로 되어 있어 창건당시의 모습을 보여주고 있다. 각단은 가람배치상 짜임새 있는 배치이나 해탈문 축단만은 비어있다. 동서요사체의 좌향으로 보아 중정의 구성이 이루어졌을 것으로 보이며 대적광전 중심선상에 탑이 있었을 추측을 해본다. 국보인 장경판고는 규모로 정면 15칸, 측면 2칸의 우진각지붕이며 단층의 주심포식이다. 장식적 처리가 거의 없는 것이 극히 기능적이고 과학적인 건물이며, 천년 가까이 경판을 보관함에 있어 전혀 손색이 없어 세계적으로도 우수한 건물로 손꼽힌다. 건립연대는 기와의 각명으로 판단해 볼때 홍치 원년으로 볼 수 있다.

海印寺 大寂光殿
Taecheokkwangcheon Hall of Haeinsa Temple

海印寺 大寂光殿 全景
Taecheokkwangcheon Hall

　九光樓 밑에서 大寂光殿으로　오르는 진입구가 중심
축에서 우측으로 약간 편재되어 있어 樓　밑으로 진입
하는 과정은 大寂光殿 앞의 중정공간을　하나의 프레
임으로 바라보게 하는 효과를 거두고 있다. 樓 밑으로
진입하면 중정의 석탑 상부가 보이며 大寂光殿의　전
체모습이 서서히 나타나는 시각상의 특징을 보이고 있
다. 이는 주로 화엄사찰의 계통에 속하는 산지가람에
서 나타나는 주요 특징으로서 특히　지형과 관계하여
의도적으로 공간의　형태를 구획하는 수법으로 볼 수
있으며 화엄의 교리와도 일맥상통하는 특징을 지니고
있다. 이러한 수법으로 인해 대웅전 앞 마당의 석단 밑
에는 24m의 정방형 중정이 있으며 대웅전 건물이 뒤
로 들어가 있음에도 불구하고 넓이가 깊이보다 더 넓
어　보이는 시각상의 착시효과도 거두고 있다.

海印寺 大寂光殿 귀공포 상세
Details of the top ornarmentation of Taecheokkwangcheon Hall

화려한 다포식의 구조이며 2출목 이상이다.

塔을 중심으로한 海印寺 大寂光殿 全景
Taecheokkwangcheon Hall

海印寺 修多羅藏과 法寶殿(經板庫)
국보 52호
Sutarachang Hall and Peoppocheon Hall
National Treasure No. 52

　해인사의 최상단에 위치하고 있으며 국보 52호인
이　건물은 우진각지붕의 주심포구조를 하고 있으며
규모로는 전면 15간, 측면 2간의 매우 긴 평면을 하고
있다. 팔만대장경을 보관하고 있는 이 건물은 주심포
식에서 익공식으로 변천해 가는 중간과정을 보여주고
있으며 구조적 기법도 훌륭하지만　그 내부에서 수장
능력에도 뛰어난 방식을 보여주고 있는 것도 특징이
다. 조사결과에 의하면 경판고에 나있는 광창은 주변
환경에 잘　조화하여 배수, 환풍, 제습, 가습의 역할을
적절히 하고 있으며 그것을 목적으로 설치하였던 것으
로　밝혀졌음은 그러한 사실을 정확히 지적해 준다. 더
욱이 남쪽에 나있는 창들은 아래가 위보다 커서 빛을
많이 받아들이고 있지　못하지만 북쪽에 나있는 창은
아래가 위보다　작아 일정한 빛을 받아들이도록 되어
있다.

海印寺 經板庫 내부

Inner detail of Sutarachang Hall and Peoppocheon Hall

　　환기와 설비시설을 과학적으로 처리한 것을 엿볼 수 있게　해주는 경판고내의 수장기법. 경판고의 내부 가구는 5량집으로서 소슬대공을 사용하고 있으며 봉정사 대웅전과 같이 소슬대공　아래에 초공을 지지한 것이　특징이다. 내부 중앙부에 있는 고주 상부에는　종량을 지지하는 첨차가 있으며 그 모습이　조선초기의 기법을 보여주고 있다. 처마도리 밑에　있는 초공은 익공으로서 보머리가 모두 돌출되어 있어 초기 익공식의 전형적인 모습을 엿볼 수 있게 해준다.

海印寺 經板庫 내부 상세
Inner detail of Sutarachang Hall and Peoppocheon Hall

海印寺 修多羅藏 안에서 바라본 입구
The Gate of Sutarachang Hall and Peoppocheon Hall

　자연목재를 사용한 경판고　입구는 자연산 나무를
그대로 깍아 만든　형태가 극히 자연스러우며 훌륭한
미적 감각 또한 느끼게 해주고 있다. 경판고의 내부는
흙바닥이며 천정은 연등천정이고　중앙렬과 양측렬에
맞추어 판고를 설치한　것이 특징이다.

◀海印寺 修多羅藏 입구 全景
The Gate of Sutarachang Hall and Peoppocheon Hall

海印寺 修多羅藏과 法寶殿(經板庫) 진입부 全景
Sutarachang Hall and Peoppocheon Hall

海印寺 窮玄堂 全景
Kunghyeontang Hall

海印寺 窮玄堂 앙시사진
Kunghyeontang Hall

海印寺 解脱門에서 바라본 九光樓
Kukwangru Pavilion

　전체 사찰의　중심축이 일정하게 유지되어 있지　않
고 자연지형과 지세에　따라 약간씩 편재되어 있어　진
입시에 따른 시각의　처리 기법이 돋보이는　장면을 연
출하고 있고 단조롭지 않은 공간의 전개를 느낄수 있
게 해준다.

海印寺 九光樓에서 바라본 大寂光殿
Taecheokkwangcheon Hall

　九光樓가 대웅전인 大寂光殿과　일직선상에 위치하
고 있지 않으며 진입구가　우측으로 편재해 있어 루의
우각진입시와 같은 효과를 자아내고 있다. 이 또한 단
조롭지 않은 공간의 전개를 느낄 수 있게 해준다.

海印寺 一柱門 全景
Ilchumun Gate

海印寺 경판고 안 뜰마당
The Court of Sutarachang Hall and Peoppocheon Hall

　수평의 긴 지붕선으로 이루어진 경판고 마당공간의
처리가 돋보이는 안뜰을 볼 수있다.

海印寺 鳳凰門
Ponghwangmun Gate

일주문을 지나면 바로 다다르게 되는 문으로 안에
사천왕사를 안치하고 있다. 이 문의 위치역시 중심축
선에서 벗어나 있어 진입시 시각의 풍부한 전경을 만
들어 내고 있다.

대웅전은 1641년(인조 19년)에 중건된 것이며, 정면 3간, 측면 5간의 다포식이다. 진입하는 축을 주축으로 한 정면과 金剛戒壇의 반대편인 남면에 또 하나의 정면이 주어져 2개의 정면을 갖게된다. 이것은 3면에 합각을 두고 T자형의 지붕을 통해 이중성의 요구를 해결하고 있다. 내부에는 불단만 있고 불상이 없는 것으로 유명한데, 그 이유는 후면에 진신사리를 안치한 金剛戒壇이 있기 때문이다.

◀ 通度寺

- 소재 : 경남 양산군 하북면 지산리
- 연대 : 646년 창건(선덕왕15년)

Thongtosa Temple

A.D. 646.

석가모니의 眞身舍利를 봉안한 佛寶사찰로서 한국 3대사찰의 하나이다. 통도사의 가람배치는 매우 특이하며 평지에 위치하였음에도 산지가람처럼 불규칙하게 건물들이 배치되어 있지만, 하나의 연속적이고 통일성 있는 체계를 갖는다. 서에서 동으로 흐르는 긴 계류를 따라 크게 3개의 건물군으로 구성되는데, 대웅전을 중심으로한 上爐殿 부분이 신라초기부터 건축되었던 곳이며, 이 곳부터 통과교통에 의해 숨겨져 독자적인 영역을 형성한 中爐殿 부분이 고려시대에 도입공간의 성격을 가진 下爐殿 부분이 조선조에 걸쳐서 건축되었다. 이와 같은 특성있는 배치는 고대의 정연한 배치원칙이 점차 질적으로 변천되고 視知覺的인 체험을 고려한 공간구성 방법이 발전됨으로서 그 결과 축의 轉位, 視距離의 증가, 이에 따른 視覺度의 감소, 시각상의 복합성과 건물의 중첩 및 조망적인 형태의 감지 등의 여러가지 효과들이 두드러지게 나타나게 되었다고 볼 수 있다.

대웅전 동측면
Taeungcheon Hall

대웅전 동남면
Taeungcheon Hall

법당 四面에는 내용은 같지만, 각기 다른 이름의 扁
額이 걸려 있는데, 동쪽에는 大雄殿, 남쪽에는 金剛戒
壇, 서쪽에는 大方廣殿, 북쪽에는 寂滅寶宮이라 했다.

◀대웅전 남측면
Taeungcheon Hall

대웅전 階石
Stair of Taeungcheon Hall

　신라시대의 우아한 蓮花
紋을 가진 기단과 階石이 있
어 초창기의 건물모습을 추
측할 수 있게 한다.

대웅전 꽃살창
Detail of Taeungcheon Hall

통판재를 투각하여 꽃새김하거나 꽃을 만들어 부
착한 것이다.

대웅전 공포
Detail of ornanmentation of Taeungcheon Hall

대웅전의 공포는 외 3출목, 내 4출목이며, 우주위
에 오는 귀공포는 정면의 이중성으로 인해 강한 대
칭적 균형미를 지닌다.

대웅전 현판과 공포구조
Details of Taeungcheon Hall

金剛戒壇 舍利塔
Keumkangkyetan

　상하의 넓은 기단 중심부분에 伏蓮花石과 仰蓮花石
의 받침돌을 놓고 그 위에 石鐘形의 浮屠를 올려 놓
았다.

冥府殿

Myeongpucheon Hall

　명부전은 대웅전 동남쪽에 있고, 그 초창 연대가 上
爐殿에서는 대웅전 다음가는 건물이다. 법당의 중앙에
는 地藏菩薩像을 봉안하고 있다.

명부전 공포 상세
Detail of column top ornamentation of Myeongpucheon Hall

大光明殿
Taekwangmyeongcheon Hall

中爐殿의 중심이 되는 건물로서, 가장 깊은곳에 위
치해 통과 교통으로 부터 영역을 보호하고 있으며, 통
도사내에서 가장 오래된 건물이다. 전면 5간, 측면
3간으로 웅장함과 위엄에 있어서 대웅전 다음의 위세
를 가진다. 법당내에는 비로자나불을 봉안하고 있다.

광명전 공포
Detail of Taekwangmyeongcheon Hall

광명전 귀공포
The top ornanmentation of Taekwangmyeongcheon Hall

광명전 扁額
Detail of Taekwangmyeongcheon Hall

靈山殿
Ryeongsancheon Hall

　靈山佛國을 상징하는 下爐殿의 중심이 되는 건물로
서, 창건당시 大光明殿 및 金剛戒壇 등과 더불어 통
도사의골격을 이루는 중요한 건물이었다.

영산전앞 3층석탑과 석등
Stone Light at the front of Ryeongsancheon Hall

영산전 귀공포와 風板
The top ornanmentation of Ryeongsancheon Hall

영산전 扁額
Detail of Ryeongsancheon Hall

범종루
Peomchongru Pavilion

천왕문을 들어서면 좌측에 大鐘이 안치되어 있는
범종루가 보인다. 이곳에는 대종 이외에도 佛前用四
物인 弘鼓, 雲版, 木魚 등이 있다.

極樂寶殿

Keukrakpocheon Hall

　통도사 창건 당시부터 있었던 것이 아니라 1369
년(공민왕 18년) 약사전과 함께 지어진 것이다.

극락보전 입면세부
Detail of Keukrakpocheon Hall

극락보전 벽화
Wall of Keukrakpocheon Hall

극락보전 귀공포
The top ornanmentation of Keukrakpocheon Hall

극락보전 편액 ▶
Detail of Keukrakpocheon Hall

천왕문
Cheonwangmun Gate

일주문을 넘어서면 곧 천왕문에 이른다. 사천왕의
우람한 모습이 버티고 있는 이곳은 靈山佛國의 세계,
下爐殿을 오르는 관문이 된다.

일주문
Ilchumun Gate

　　寺中에 전하는 말로는 고산 제일의 사찰은 오대산 월정사요, 야산 제일의 사찰은 통도사라 했다. 이 말처럼 일주문은 평평한 洞口 밖 냇물을 옆에 두고 우뚝 솟아 있다. 문의 중앙에는 대원군이 필적인 큰 현판이 걸려있다.

만세루쪽에서 본 불이문
Purimun Gate

◀ 불이문
Purimun Gate

　　18C의 다포계 건축으로 중로전과 하로전을 구분하
는 경계가 된다. 중앙의 어간이 좌우협간에 비해 2배
에 이른다.

불이문에서 본 사찰근역
The view from entrance

불이문을 들어서면 중로전 영역과 대웅전이 강하게
인지된다.

불이문 귀공포
The top ornanmentation of Purimun Gate

大興寺
- 소재 : 전남 해남군 삼산면
- 연대 : 10세기경 창건

Taeheungsa Temple

A.D. 10C

　건물 전체군으로 보았을 때 大雄寶殿을 중심으로 하는 일곽이 北院이라면 千佛殿을 중심으로 하는 전각의 일곽을 南院이라고 할 수있다. 전체적인 배치로는 계류를 중심으로 北院과 南院이 나뉘어져 있으며 사찰의 중심영역은 大雄寶殿을 중심으로하는 北院이라 할 수있다. 따라서 사찰의 주출입구는 계류를 건너는 침계루라 할 수있으며 이를 지나면 바로 大雄寶殿이 눈에 들어온다. 대웅전 옆으로는 應眞殿이 있으며 요사체라 할 수 있는 백운당과 세진당이 각각 좌우에 배치되어 있다. 南院으로 진입하기 위해 가허루를 지나면 정면으로 천불전이 있으며 그 좌우로 요사체라 할 수 있는 용화당이 배치되어 있다. 대흥사에는 이외에도 몇 개의 사역이 있기는 하지만 사찰들이 너무 떨어져 있어 일군의 사찰로 보기에는 다소 무리가 있다.

大興寺 大雄寶殿 全景
Taeungpocheon Hall

大興寺 大雄寶殿
Taeungpocheon Hall

北院의 중심건물로서 大興寺의 중심공간이며 중정
을 구성하고 있는 것이 특징이다. 중정 우측으로 석등
이 있으며 이를 중심으로 대웅전 우측으로 위치한 응
진전으로 시각을 자연스럽게 유도시키고 있다.

가허루에서 본 千佛殿
Cheonpurcheon Hall

千佛殿 영역
Cheonpurcheon Hall

南院은 돌담을 낀 계단을 통해 北院과 연결되며 주
문을 통해 들어서면 千佛殿이 위치해 있는데 건물군의
주축에서 약간 엇빗겨 서있다. 건물내부에는 기둥과 보
가 없이 계단상으로 설치된 곳에 1천개의 불상이 봉안
되어 있으며 이 때문에 건물 이름을 千佛殿이라 했다.

大興寺 天王門 전경
Cheonwangmun Gate

枕溪樓 전경
Chimkyeru Pavilion

北院의 주출입구로 계류를 건너 루하로 진입하게되며 이를 통하면 바로 北院의 중심 건물인 大雄殿이 시야에 들어온다.

長谷寺
소재 : 충남 청양군 대치면 장곡리
연대 : 12세기 창건
Changkoksa Temple
A.D. 12C

　산지사찰에서 볼 수 있는　최소한의 기본단위를 갖춘 배치로서 운학루를 돌아　우각진입하게 된다. 이 사찰은 특이하게 2동의 대웅전을 가지며 下大雄殿 뒤의 계단을 통하여　上大雄殿에 이르게 된다. 두 건물은 서로 다른 시기에 건축되어 암자식으로 운영되다가,　후대에 사찰이 확장되는 과정에서 연결된 것으로 보인다.

상대웅전
보물 162호
Sangtaeungcheon Hall
Treasure No. 162

정면 3칸, 측면 2칸의 맞배지붕이며, 기둥과 주두
까지는 전형적인 주심포 양식으로 볼 수 있다. 기둥
위의 주두는 굽받침형이 있는 고려시대의 수법을 나타
내고 있고, 그 위의 공포도 주심포계를 따랐지만 柱間
사이에 1조의 공포를 추가하여 전체적으로 주심포와
다포계의 결합처럼 보인다.

상대웅전 측면
The side view of Sangtaeungcheon Hall

　잡석으로 쌓은 기단과 자연석의　주초위에 세워진
기둥은 상당히 큰 배흘림을 나타낸다.

상대웅전 공포 ▶
Detail of Sangtaeungcheon Hall

　공포는 다포식이지만　다포계의 대표적　부재인 평
방이 없는 것이 특이하다.

하대웅전

보물 181호

Hataeungcheon Hall

Treasure No. 181

　조선　중기에 건립된　맞배지붕을 가진　다포계 건축이다. 간수는 상대웅전과 같으며 공포는 내외 2출목이다.

하대웅전 측면
The side view of Hataeungcheon Hall

  맞배지붕의 경우 대부분 측면에는 포작을 두지 않
지만 이 건물에는 측면에도 포작을 만들었다. 중앙에
고주를 사용하지 않고 앞뒤의 공포형태가 다른 것이
특징이다.

운학루에서 본 하대웅전
Hataeungcheon Hall

桐華寺

- 소재 : 경북 대구시 동구 도학동
- 연대 : 493년 창건, 1732년 중건

Tonghwasa Temple

A.D. 493. Rebuilt in 1732.

　　산지중정형 사찰로 과거에는　대사찰이었으나 현재
는 몇몇 유구만 남아 있을뿐 신라시대의 혼적은 거의
찾아볼 수 없다. 사찰배치는 봉서루와 大雄殿, 심검당,
강생원 건물이 앞마당을　둘러싸고 중정을 이루고 있
으며 금당앞 3층석탑을 중심으로 시각적인 축을 구성
하고 있다.　중정에는 석등과 석탑이 있으며 특히 탑은
大雄殿 뒤의 영산전으로 자연스럽게 우각진입토록 유
도해주고 있다.

銀海寺 居祖庵 靈山殿

국보 14호

Keochoam Yeongsancheon Hall

National Treasure No. 14

　　銀海寺의 말사였던 居祖庵은 초창이 고려시대의 것으로 보는 견해가 많다. 규모는 정면 7간, 측면　3간으로 국보 13호이기도 하다. 주요 건물의　특징으로는 기둥간격이 넓은 반면　기둥의 길이가 짧아 다소 어색한 불전의　모습을 보여주고 있으며 일설에 의하면　경판을 저장하였던 版庫로서도 사용되었다는 견해가　있다. 건축연대는 불분명하지만 구조형식으로　보아 고려시대의 뛰어난 건물인 浮石寺 無量壽殿이나 修德寺 大雄殿과 비길만 하다.

銀海寺

- 소재 : 경북 영천군 청통면 치월리
- 연대 : 809년 창건, 1847년 중건

Eunhaesa Temple

A.D. 809. Rebuilt in 1847

　銀海寺의 창건 역사는 기록에 의하면 신라 41대 헌덕왕 원년(809)에 혜철국사에 의해 창건되었으며 사찰명은 海眼寺라 하였다고 한다. 연혁에 대해서는 〈銀海寺 重建記〉에 고려 원종 갑자년(1264)에 원담선사가 가람을 확장하였다는 기록만이 있고 그간 소실된 것을 명종 원년에 중창하였다고 전한다. 사찰의 배치현황으로는 門, 鐘樓, 大雄殿이 병렬해 있는 배치를 따르고 있으며 평지에 위치하고 있어 鐘樓가 형식상 루마루일 뿐 大雄殿과 동일한 지평면상에 있다. 산지사찰의 특징대로 대웅전과 보화루가 남북으로 마주보고 있으며 동서로 說禪堂과 尋劒堂이 요사체를 마주보고 47척×79척의 장방형 중정을 형성하고 있음을 보게 된다. 중정은 장방형이라 하나 긴 방향으로 폭이 정방형이 되는 위치에 단을 높여 구성하고 있어 타 산지사찰에서 정방형의 중정을 만들어 놓은 형식을 따르려는 의지를 엿 볼 수있다. 현존하는 모든 건물은 조선말기의 형식이며 비교적 규모가 커서 오히려 불균형적인 배치를 보이고 있다. 따라서 타 산지사찰에 비해 자연환경과조화를 이루지 못한 점이 단점이라 할 수있다. 결국 銀海寺는 산지 일탑형으로서 전형적인 중정식에서 다소 변한 형태을 보이고 있으며 환경과의 적절한 조화를 상실한 조선말기의 사찰의 특색을 보이고 있는 산지사찰의 말기적 모습이 특징이다.

銀海寺 居祖庵 靈山殿 편액과 외부 구조 상세
Details of Keochoam Yeongsancheon Hall

▲ 銀海寺 居祖庵 靈山殿 공포구조 상세
Details of Keochoam Yeongsancheon Hall

　銀海寺 居祖庵 靈山殿의 구조방식은 修德寺 大雄殿
과 비해 간결하고 단순한 주심포계 양식을 하고 있으
며 우미량이 사라지고 도리의 수도 줄어있어 다소 작
은 규모의 7량집 구조를 하고 있다.

입면에 대한 주요 특징은 가운데 1간만이 양쪽 3
간에 비해 다소 넓은 구조를 보이고 있으며 이곳에 3
짝의 문을 달았다. 양끝쪽 2간에 붙박이의 두꺼운 창
이 나 있으며 회벽과 단청이 없는 백골집으로 마감되
어 있어 단순하고 순박한 외관을 보이고 있다.

銀海寺 居祖庵 靈山殿 내부 가구구조 상세
Inner details of Keochoam Yeongsancheon Hall

　내부 7량집의 단순한 구조를 하고 있음을 알 수 있으며　간단하고 견고한 방식이 주목을 끈다. 특히 2열의 內고주 앞뒤에 평주를 퇴보로 연결한 것이 특징이다.

銀海寺 居祖庵 靈山殿
편액과 외부 구조 상세
Details of Keochoam Yeongsancheon Hall

銀海寺 居祖庵 靈山殿 공포 구조상세
Details of Keochoam Yeongsancheon Hall

鼓樓에서 바라본 대웅전
보물 408호
Taeungcheon Hall
Treasure No. 408

◀ **雙溪寺 大雄殿**
소재 : 충남 논산
연대 : 1739년 重修
Ssangkyesa Temple
Rebuilt in 1739

　쌍계사는 고려 고종때 麻谷寺의 末寺로 창건되었
다고 하며, 깊은 산속에 북향으로 트여 있는 계곡에
자리잡고 있다. 대웅전은 정면 5간, 측면 3간의 단층
팔작지붕의 건물이다. 기둥은 初創때의 것으로 보이
며, 樹幹의 자연스러운 모양을 살리도록 배려하였다.
북향의 대웅전 앞에는 중정이 있고, 그 앞에는 맞배지
붕의 鼓樓가 서 있다.

대웅전 귀공포

The top ornanmentation of Taeungcheon Hall

평방은 2개의 부재를 합쳐서 만들었고, 포작의 조
각이 화려하고, 쇠서 끝은 仰舌形이다. 包作 상부에
는 龍頭와 鳳頭의 장식을 교대로 만들었다.

대웅전 측면
The side of Taeungcheon Hall

 공포는 다포식 외 4출목,·내 5출목이며, 전체적으
로 매우 웅장한 외관을 보인다.

대웅전 정면▶
Taeungcheon Hall

 정면 5간에 모두 각각 2개씩의 큰 분합문이 아름다
운 꽃살문으로 만들어져 있다.

대웅전 正·左면▶
Taeungcheon Hall

대웅전 정면 細部 및 扁額
Detail of Taeungcheon Hall

대웅전 꽃살문
Detail of Taeungcheon Hall

대웅전 소슬 빗꽃살
Detail of Taeungcheon Hall

대웅전 빗꽃살
Detail of Taeungcheon Hall

대웅보전
Taeungpocheon Hall

　기둥간격이 넓고 안정된 외형으로　백제계 건축의
조형적 특색을 나타낸다.

大雄寶殿
보물 290호
Taeungpocheon Hall
Treasure No. 290

    정면 5간 측면 3간의 맞배지붕으로 공포는 다포식 내외 3출목이다. 중앙 후측에는 4개의 고주를 세워서 後佛壁을 만들었다.

대웅보전 板壁
The wall of Taeungpocheon Hall

건물벽은 心壁이 아닌 나무판으로 이루어졌다.

대웅보전 측면 ▶
The side view of Taeungpocheon Hall

측면에는 공포를 두지 않아 돌출된 처마 길이가 짧다. 측벽 역시 판벽으로 처리하여 지역적 특색을 나타낸다.

◀ 선운사 영산전 · 명부전
Ryeongsancheon Hall and Myeongcheon Hall

영산전은 근세(20세기초)에 지어진 정면 5간, 측면 3간의 건물로 대웅전을 모방했지만, 견줄수준이 아니다.

대웅보전 정면 세부
Detail of Taeungpocheon Hall

다포의 구성은 섬세하고 장식적이며 꽃살문인 분합문도 화려한 장식을 지닌다.

명부전
Myeongpucheon Hall

천왕문
Cheonwangmun Gate

안쪽으로 만세루가 보인다.

▶ 만세루 내부 가구구조
Inner detail of Manseru Pavilion

익공계구조로 간 대들보에는 Y자형의 부재를 걸어
龍頭를 조각했다.

천왕문

Cheongwangmun Gate

　2층 맞배지붕으로 아래층은 보통의 禪門이지만, 위
층 누다락은 범종루의 성격을 갖는다. 선문진입과 樓
下진입 형식이 결합된 독창적인 구조이다.

관음전 ◀
Kwaneumcheon Hall

천왕문 후면 ▶
The rear side view of Cheongwangmun Gate

누다락으로는 대칭의 계단을 통해 올라간다.

開巖寺 大雄寶殿

소재 : 전북 부안군 상서면 감교리

연대 : 1640년(인조 18년)중건

Kaeamsa Temple

Rebuilt in 1640

　　정·측면 3간의 팔작지붕으로 배경인 뒷산의 암석
이 이채롭다. 규모에 비하여 기둥이 굵고 민흘림되어
장중한 외관을 구성하고 있으며, 다포계구조에 활주마
저 있어 강한 안정감을 보여준다. 대웅전의 가장 큰 특
징은 주요 구조부인 포작의 각 부분과 안팎의 살미첨차
머리, 그리고 측면의 평주에서 대들보를 건너지르는 衝
樑의 보 머리 등의 화려함에 있다. 또한 건물의 정면성
을 특별히 강조한 점은 높이 평가될 부분이다.

대웅보전 측면
보물 292호
Taeungpocheon Hall
Treasure No. 292

　측면과 후면의 공포는 비교적　단순하게 처리하였지
만, 정면과 유사한 장식의 흐름으로 전체적인 조화를
나타내고 있다.

대웅보전 어간의 공포
Detail of Taeungpocheon Hall

내외 3출목으로 협간에 비해 하나 많은 3개의 주
간포가 있다.

대웅보전 귀공포
The top ornamentation of Taeungpocheon Hall

제공에 龍頭와 鳳首를 섬세하게 조각했으며, 柱頭
를 사각으로 한 隅柱의 첨차는 대첨·소로 모두 雲工
이나 草刻이 없는 단순한 형태를 취하고 있다.

118

金山寺

- 소재 : 전북 김제군 금산면 금산리
- 연대 : 599년 창건, 1601년 중건

Keumsansa Temple

A.D. 599. Rebuilt in A.D. 1601

　金山寺의 사역은 송광사와 거의 같은 면적을 지닌 대규모의 사찰이나 현재는 중심전각이 있는 곳에만 몇 개의 건물이 있는 규모상 축소된 寺刹이다. 寺域입구에서 중문 자리로 보이는 곳에 이르는 약간 경사진 넓은 지역에 석축단과 초석들이 산재하고 있는 것으로 미루어 과거 대찰이었음을 짐작할 수있을 뿐이다. 배치현황으로는 계류를 따라 북쪽으로 들어가면 고려시대 것으로 보이는 당간지주가 1개 있으며 석담 사이의 개구부를 지나면 동서로 긴 평탄한 장방형의 사역이 나타난다. 彌勒殿과 大藏殿의 중심거리는 87.6m이며 大寂光殿과 冥府殿의 중심거리는 55m에 이른다. 금산사에는 3층목조건물인 彌勒殿과 大寂光殿 등 보물을 위시하여 석조물로는 五層石塔, 石鐘形舍利戒壇, 六角多層石塔, 石蓮池등이 있는데 이들 모두 고려시대의 것들로 우수하다. 금산사의 배치 특성은 직교형으로 寺域의 동서축으로 彌勒殿과 大藏殿이 연결되며 大寂光殿과 中門 위치를 연결하는 정축이 서로 직교하고 있다. 결국 보았을 때 彌勒殿을 本堂으로 삼았으며 大寂光殿은 講堂址, 大藏殿은 木塔址에 건립하여 東金堂 西塔式의 구조를 보이고 있다. 이러한 방법은 백제식의 가람배치법으로도 알려져 있는데 동서에 塔과 金堂이 마주보고 남북으로 中門과 講堂이 마주보는 배치법은 만복사나 연복사에서도 나타나며 일본의 거의 같은 시기에 건립된 法隆寺 配置에서도 볼 수있다.

金山寺 彌勒殿
국보 62호
Mireukcheon Hall
National Treasure No. 62

　기록에 의하면 미륵전은 봉안된 미륵불상이 경덕
왕 23년(764)에 조성되었으며 미륵전은 혜공왕 2년
(766)에 완성하여 불상을 안치한 것으로 되어 있다.
현재 건물은 인조 13년(1635)에 재건한 건물로 3층으
로 되어 있는 법당으로는 유일하며 규모가 크고 알맞
아 안정감이 있으나 세련됨에서 약간 떨어진다고 보인
다. 규모로는 1, 2층이 각각 전면 5간, 측면 4간이며,
3층은 전면 3간, 측면 2간의 구조로 되어 있다. 국보
62호이며 지붕은 팔작지붕이고 목구조는 다포식 구조
로 되어 있다. 내부에 있는 1층의 고주는 3층까지 연
결되어 있으며 1층의 고주 10개가 3층의 주간을 이루
고 있어 비교적 간단한 구조방식을 채택하고 있는 것
으로 보인다.

金山寺 彌勒殿 詳細
Detail of Mireukcheon Hall

　국내에서 유일한 3층 목조 불전으로서 내부에는 거대한 三尊佛立像을 안치하고 있으며 중층양식은 백제계의 목조 형식을 보이고 있는 것이 특징이다. 포작은 다포계이며 사용된 기둥은 굵고 높은 것이 특징이다. 중층인 화엄사의 각황전과 비교해 보면 상층의 모서리 기둥의 처리에서 차이가 나며 높이로 보았을 때 최상층으로 올라갈수록 층고가 낮아져 화엄사 각황전과 거의 같은 높이로 되어 있음이 특징이다.

金山寺 大藏殿
Taechangcheon Hall

　大藏殿은 원래 彌勒殿　전면에 있었던 것을 현재의
자리로 이전하였다고 하나, 현 大藏殿위치에 어떤 의
도를 갖지 않고서는 설명이 불가능하다. 더우기 용마
루 위에 스투파형의 탑파가. 놓여있는 것은 중요한 건
축물 예를 들어　通度寺 大雄殿이나 寶林寺 大寂光殿
과 같은 건물에서나 볼 수있는 것으로 탑파의　의의를
충분히 표현한　것으로 보았을때 완전한 백제식　가람
배치인 직교형이라 할　수 있다. 이 건물은 19세기 경
의 건물로 보이며 팔작지붕에 익공식 구조로 되어 있
는 것이 특징이다. 규모는 전면 3간, 측면 3간의　구조
이며 4모서리에 귀주가 있어 특이하다. 평면형은 거의
정방형이며 설명에 의하면 목탑지에 세워진 건물이라
는 설이있다.

金山寺 大藏殿 용마루 부분
Detail of Taechangcheon Hall

　스투파형 건물로 불리우게되는　결정적인 단서로서
이 자리가 과거　목탑지였다는 설을 신빙성있게 만들
어 주고 있다. 이렇게 지붕 용마루에 탑형의 요소가 얹
혀 있는 건물은 국내에서도 유래를 찾기 힘들다.

金山寺 大藏殿의 꽃살문양
Flowers ornanment of Taechangcheon Hall

金山寺 大藏殿의 공포구조
The top ornarmentations of Taechangcheon Hall

金山寺 大寂光殿
보물 476호
Taecheokkwangcheon Hall
Treasure No. 476

　大寂光殿은 18세기경의 건물로 보물 476호이며 규
모로는 정면 7간, 측면 4간의 큰 건물로서 內外 2出目
으로 되어 있다. 전면은 통상적인 조선후기의 앙서형
이지만 배면은 쌍S자 초각으로 간략화되어 있는 것이
특징이다. 大寂光殿은 中門위치와 정축선상에 있지 않
으나 講堂에 해당하는 자리이며 다른 전각과는 달리
옆으로 긴 것이 특징이라 할 수 있다. 내부는 마루로
되어 있으며 천정은 우물천정이고 천정아래에 5간의
긴 불단을 설치하고 있다. 彌勒殿과 비교해 보았을 때
彌勒殿이 수직선이 강한 특징을 지닌다면 大寂光殿은
수평선을 강조한 전각으로 각각 대조를 이루고 있다.

金山寺 大寂光殿 全景
Taecheokkwangcheon Hall

　긴 수평적 요소를　강조하는 전각으로 전면이 측면
에 비해 월등히　길며 내부의 불단도 외부의 형식과 같
이 길어 특이한 구조를 보이고 있다.

金山寺 大寂光殿 귀공포
The top ornarmentations of Taecheokkwangcheon Hall

조선 중,후기의 건물로서 조선계 다포식의 전형적
인 모습을 보여주고 있다. 內外 2出目이며 전면은 통
상적인 조선후기의 앙서형이지만 배면은 쌍S자 초각
으로 간략화되어 있는 것이 특징이다.

金山寺 講堂
Kangtang Hall

　루형식을 하고 있으며 비교적 최근의 건물로 보인
다. 대적광전과 일직축선 상에 있으며 루형식의 일반
적인 특징인 우각진입보다는 루하 진입을 꾀하고 있
는 것이 특징이다.

金山寺 당간지주

寺域입구에 위치하고 있으며 고려시대의 것으로 보
인다.

修德寺

- 소재 : 충남 예산 덕산면 사천리
- 연대 : 1308년 창건(충렬왕 31년)

Suteoksa Temple

A.D. 1308

　가람배치는 일주문을　지나면 경사로를　통하여 진입하면,　신라시대에 축조된　3m가량의 높은 석축이 나타나 중심공간을 형성한다. 이 위에는 5층석탑이 서 있고 그 뒤쪽에는　다시 정교하게 쌓은 석단이 있으며, 그 위의 선방은 배치축과 약간 틀어져 있는 것이 특이하다. 5층석탑은 선방의 중심축상에　위치하여 진입구와　사각으로 서　있어 석탑의　입체감과 건물까지의 깊이를 더 느끼게 하는 동시에 대웅전 앞에　있는 중정으로 진입하는 방향을 좌측으로　자연스럽게 유도하여 우각진입이 된다. 禪房의 서측을　돌아 白蓮堂과의 사이에 있는 석계를 올라서면 중정 앞에　장중하고 아름다운 대웅전 건물이 나타난다. 이러한 우각진입은 대웅전의 입면과 측면을 동시에 볼 수　있어서 중정공간의 극적인　효과를 한층　강조하게 된다. 또한 대웅전 앞의 석등과 석탑이 축선상에　일렬로 서 있어 대웅전 지붕에 이르기까지 시각의 상승감을 고조시키는 역할을 한다.

修德寺

- 소재 : 충남 예산군 덕산면 사천리
- 연대 : 통일신라때 창건, 대웅전 1308년 건립

Suteoksa Temple

Rebuilt in 1308

정확한 창건시 자료가 없어 알지 못하나 일설에 의하면 백제 침류왕 2년(383)에 인도승 마라난타가 동진에서 들어와 사찰을 창건하였다고 하나 신빙성이 없으며 신라통일후 지명대사에 의하여 창건되었다고 하는 설과 오층탑이 문무왕 5년(665)에 건립되었다는 점, 그리고 대웅전내 담징의 그림이 그려져 있는 것으로 전하여져 사찰의 창건은 통일신라 전후로 보고 있다. 대웅전은 정확히 1308년에 건립된 것으로 보인다. 배치현황으로는, 현재 주변환경이 심하게 파괴되어 원래의 모습을 알기 힘들며 1970년부터 재건하기 시작한 일주문, 금강문, 종루, 고루, 요사체 등으로 신라사찰의 전모는 거의 찾아볼 수 없다. 배치에서 두드러진 것은 대웅전의 모습인데 건물대지를 인공적으로 축조하기 위해 쌓아올린 석축위에 올라있어 그 웅장한 모습을 엿 볼 수있다. 축대는 3단으로 되어 있는데 제1단은 거대한 잡석으로 구축되었으며 높이는 3미터이고 사역입구에서 완만한 경사로로 연결되어 있다. 제2단과 대웅전이 서있는 제3단은 높이가 2.4m로 건물전면에 0.35m× 1.50m의 장대석을 정석줄눈쌓기 방법으로 쌓았으며 그 외의 부분은 제1단과 같은 잡석쌓기로 되어있다. 대웅전과 선방, 탑 등의 축이 틀어져 있어 대웅전 앞의 마당공간이 역동적인 특성을 보이고 있으며 선방쪽에서 우각진입할 경우 안쪽의 대웅전이 잘보이게 되어 있어 시각적인 측면도 고려되어 있는 것으로 보인다. 전체적으로 부석사 무량수전과 비교해 볼 때, 각세부가 장식화되어 웅장함을 잃고 있으나 반면 섬세하고 아름다운 모습을 지니고 있어 한국 고건축의 우수함을 보여주고 있다.

修德寺 大雄殿

국보 제49호

Taeungcheon Hall

National Treasure No. 49

고려 충렬왕(1308)때 것으로 정면 3간, 측면 3간의 단층 맞배지붕이며 주심포식이다. 현재 국보 49호로서 한국목조건축 양식의 발전과정을 연구하는데 시금석적인 건물로 중요성을 갖는다. 고려시대에 지어진 국내에 현존하는 얼마안되는 목조건축물중 하나로서 입면과 평면 모두에 있어 정확한 계산과 비례에 기초해 지어진 것으로 특징을 이룬다. 특히 디테일의 구성은 다른 목구조 건물중 타의 추종을 불허할 정도이며 한국건축 목구조를 연구하는 대표적인 건물로서도 손꼽힌다. 평면은 내부에 2열의 고주를 세웠으며 전후로는 퇴칸구조가 있는 정확한 좌우대칭을 이루는 모습을 보여주고 있다. 내부에 설치된 불단은 생김새가 육각이며 대칭형에 변화감을 부여해주고 있다. 정면을 보면 기둥의 높이에 비해 간격이 넓은 것이 백제식의 양식을 반영하고 있음을 알 수 있으며 측면에 비해 강한 목조양식의 강성을 보여주고 있다.

수덕사 대웅전 전경 및 측면부
The view of Taeungcheon Hall

목조가구양식의 모습을 보여주고 있는 측면의 구조
가 특히 건축적 가치를 지닌다.

修德寺 大雄殿 측면
The side view of Taeungcheon Hall

측면에 나타난 건축구조는 고려시대의 주심포계 건물의 특징을 여실히 보여주는 것으로 유명하다. 특히 구조재가 외부로 그대로 드러나 있어 구조미를 잘 나타내고 있으며 구조자체가 입면을 형성하고 있어 구조적 기능과 건축적 표현이 어우러진 훌륭한 모습을 보여주고 있다. 지붕은 주심포식의 전형적인 맞배지붕이며 11량의 육중한 목구조임에도 불구하고 수직과 수평의 훌륭한 대비로 육중함을 느끼지 못하게 하고 있다. 여기에 사용된 주요 주심포식 구조로는 뜬장혀, 헛첨차, 헛보머리, 솟을합장 등이며 파련형의 첨차, 반원형의 우미량, 배흘림이 강한 기둥, 쌍 S자형태의 첨차들은 건축부재의 장식화를 엿볼 수있게 해주는 것들이다. 측면에서 나타나는 두드러진 특징으로는 주요 구조 모듈이 중국의 영조법식에서 나타나는 부재의 모듈이나 비례와 정확히 일치하고 있다는 점이다. 따라서 修德寺 大雄殿은 목조건축양식의 연구에서 빠트릴 수 없는 중요한 건물임을 여실히 느낄 수있다.

대웅전 측벽의 구조미
Detail of Taeungcheon Hall

　깊은 지붕으로 된 박공부분의 측벽에 노출된 구조
는 균형미와 세련미를 동시에 느끼게 해준다. 특히 牛
尾樑의 굽어 올라간 모습은 매우 훌륭하고 장인들의
합리적인 치목을 엿볼 수 있다.

대웅전의 공포
Detail of Taeungcheon Hall

주심포계의 전형으로 보는 봉정사 극락전과 부석사 무량수전의 구조보다 보다 발전하여 모든 면에서 주심포 형식의 극치를 보여주며, 파련형과 쌍 S자 형의 첨차등은 최고의 완성도를 나타낸다.

修德寺 一柱門 全景
Irchumun Gate

修德寺 講堂
Kangtang Hall

근년에 새로이 중건된 건물이다.

修德寺 禪房 全景
Seonpang Hall

修德寺 白蓮堂 全景
Paeryeontang Hall

裟青松亭鶴涉紅

修德寺 白蓮堂 全景
Paeryeontang Hall

修德寺 鐘閣 全景
Pavilion of Suteoksa Temple

凌漢閣
百子彌夢初蔭聯臺
三呂禮如汲井新

洛山寺
- 소재 : 강원도 속초시 낙산
- 연대 : 7세기 창건
Naksansa Temple
A.D. 7C

洛山寺 홍예문
Hongyemun Gate

洛山寺 圓通寶殿(大雄殿) 全景
Taeungcheon Hall

洛山寺 圓通寶殿(大雄殿) 중정 부분
The court of Taeungcheon Hall

洛山寺 古香堂
Kohyangtang Hall

洛山寺 天王門
Cheonwangmun Gate

洛山寺 梵鐘樓 全景
Peomchongru Pavilion

▶ 洛山寺 一柱門
Ilchumun Gate

◀ 洛山寺 무열전
Muyeorcheon Hall

낙산사 담장상세
Detail of Wall

낙산사 해수관음상
The view of Haesukwaneumposar

雙峰寺
- 소재 : 전북 화순군 이양면 중리
- 연대 : 신라말기 창건, 대웅전 1690년 건립

Ssangpongsa Temple

Rebuilt in 1690

　雙峰寺의 배치는 하천을 앞에 두고 동서로 긴 사지가 형성되어 있으며 大雄殿과 極樂殿까지 2단의 높은 석축단으로 구획되어 있는데 浮石寺나 修德寺의 석축단과 같이 거대한 잡석으로 축조되어 있다. 大雄殿이 있는 중심일곽에서 서쪽으로 언덕을 올라가면 유명한 국보 철감선사 탑이 있다. 『事蹟記』에 의하면 대웅전은 신라말기인 문성왕 9년(847)에서 경문왕 8년(867) 사이에 철감선사에 의하여 창건되었고 조선시대 병란에 폐사되었으나 숙종 4년(1608)에 중창되었다고 전하고 있다. 현존건물은 이 시기에 건립된 것으로 보여진다. 그 후 경종 3년(1711)에 일부 중수가 있었고 조선말에 관찰사 윤웅병이 그 일부를 중수한 사실이 기록되어 있다. 배치현황으로는 개방된 산지 전면에 당척으로 70척의 정방형대지 안에 한층의 정방형 3층탑형 건물이 있고 그 뒤로 1.2m 잡석단 위에 건물유구인 초석이 6개 산재해 있다. 이 유구의 2.6m를 기둥 간살로 잡으면 정면 5칸, 측면 3칸, 즉 45척×27척의 건물로 大雄殿 건물지로 예상된다. 2단째 건물지 후면에는 다시 2m 가량의 잡석단이 있고 여기에 정면 3칸, 측면 3칸의 極樂殿이 있다. 極樂殿에는 아미타불과 대세지보살, 관세음보살 등 삼불이 봉안되어 있다. 大雄殿은 法住寺 捌相殿과 함께 목조층탑형 건물의 남은 유구이다. 여기에는 신라석탑에서 볼 수 있는 각층 비례를 목조건물로 재현한 것 같은 세련된 느낌을 느낄 수있다. 기록에 의하면 이 자리에 석탑이 있었다고 하며 후면단상의 건물지로 판단해 볼때비교적 큰 규모로서 정교한 석탑으로 추측된다. 이러한 건축군의 배치현황으로 볼 때 雙峰寺는 산지형이며 표준형 일탑식이고 탑이 아직은 중요한 것으로 여겨졌던 시기의 사찰로 보인다.

雙峰寺 大雄殿 귀공포 구조

보물 163호

Taeungcheon Hall and its top ornanmentation

Treasure No. 163

　원 大雄殿 자리에 건립된 본 건물은 최근의 화재 이
후 재건축 된 것으로 과거에는 석탑지였던 자리에 세
워져 있다. 정방형의 평면이며 전면, 측면 각각 1간이
고 화려한 다포식의 구조방식을 채택하고 있다.

雙峰寺 大雄殿 상세 구조
Detail of Taeungcheon Hall

　전체 건물이 탑의　형태를 지니고 있으며 2, 3층의
네 모서리 기둥이 안쪽으로 기울어져 있어 각층마다
엄격한 비례감과 체감비를 지니고　있어 급격한 체감
비를 보이고 있는　法住寺 捌相殿과 비교되고 있다.
2, 3층의 4기둥은 퇴보　위에걸리지 않고 직접 아래층
의 공포대 위에 걸리게 된 정밀한 구조를 취하고 있다.
중앙부에 있는 찰주　역시 2층부분에서 끝나며 외부쪽
의 기둥과 비례를　이루고 있다.

雙峰寺 極樂殿 全景
Keukrakcheon Hall

　　배치상 석단의 2단째 건물지　후면에, 2m 가량의 잡석단위에 세워진 이 건물은 규모로는 정면 3간, 측면 3간을 이루고 있다. 極樂殿에는　아미타불과 대세지보살, 관세음보살 등 삼불이 봉안되어 있다.

清平寺 大雄殿 全景
Taeungcheon Hall

6.25때 전부 소실되었으나 최근에 복원된 것으로 과거의 규모와 거의 동일한 상태로 복원되었다고 한다. 전면 3간, 측면 3간의 건물로 비교적 기둥간의 간격이 넓으며 형태상 다소 안정감을 보이고 있다. 측면의 경우 가운데 간이 양쪽 간보다 2배 가까이 넓게 되어 있다.

清平寺 大雄殿 측면 全景
The side view of Taeungcheon Hall

清平寺 極樂寶殿 全景
Keukrakpoche'on Hall

　조선 중기때 건물로 보물 164호이며 전면 3간, 측면 1간의 규모를 하고 있다. 사찰 배치상 중심건물인 大雄殿 중정의 입구부분에 위치하고 있으며 비교적 높은 단에 세워져 있다. 일견 보면 일주문과 같은 성격으로 파악할 수 있으나 사찰의 구성상 회랑이 구성되었을 것으로 예상되고 있다.

清平寺 廻轉門 ◀
보물 164호
Hoecheonmun Gate
Treasure No. 164

清平寺 廻轉門 과 大雄殿 全景 ▶
Taeungcheon Hall and Hoecheonmun Gate

　건립연대로는 1557년으로 정면 3간 측면 3간의 단층 팔작지붕으로 구성되어 있으며 공포는 내외 2출목을 하고 있다. 구조적 특징으로는 외부첨차의 앙서형이 2단이며, 앙곡이 그렇게 심하지 않게 처리되어 있다. 내부는 운공을 길게하여 퇴량을 받치고 있으며 특히 내부가구는 천장을 두어 아무렇게나 짜여 있는 듯한 느낌을 주고 있다. 내부고주는 주두가 설치되어 있지 않으며 도리의 배치도 등간격이 아니고, 중종보 위의 대공도 동자주형이며, 천장달대도 현대식의 간단한 구조로 되어 있다. 이러한 조잡한 구조의 처리는 점차 후기건물이 기능적으로 되어 가는 증거로 보인다. 천장을 하는 경우, 지붕 구조에 크게 신경을 쓰고 있지는 않으며, 디테일 부분을 섬세하게 처리하는 것은 비기능적임을 이해 할 수있다.

清平寺 極樂寶殿 全景

Keukrakpoche'on Hall

　조선 중기때 건물로 보물 164호이며 전면 3간, 측면 1간의 규모를 하고 있다. 사찰 배치상 중심건물인 大雄殿 중정의 입구부분에 위치하고 있으며 비교적 높은 단에 세워져 있다. 일견 보면 일주문과 같은 성격으로 파악할 수 있으나 사찰의 구성상 회랑이 구성되었을 것으로 예상되고 있다.